高 等 学 校 教 材

普通高等教育一流本科专业建设成果教材

机械原理实验技术

郭春芬　谷晓妹　主编

Experimental
Techniques
of Mechanical Principles

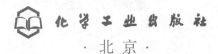

化学工业出版社
·北京·

内 容 简 介

《机械原理实验技术》包括六个实验内容：机构认识、机构运动简图测绘、渐开线齿轮参数测定、齿轮范成加工原理、智能动平衡实验、机构运动创新设计。实验项目包含认识性、验证性、创新性和综合性实验等类型。实验项目由实验目的、实验设备、实验原理、实验步骤及实验报告等部分有机组成，任课教师可根据不同专业的需求选择书中所列实验项目。

本书可供机械类及近机械类专业师生教学使用，也可供实验室工作人员参考学习。

图书在版编目（CIP）数据

机械原理实验技术/郭春芬，谷晓妹主编 . —北京：
化学工业出版社，2024.2
普通高等教育一流本科专业建设成果教材
ISBN 978-7-122-44845-3

Ⅰ.①机…　Ⅱ.①郭…　②谷…　Ⅲ.①机械原理-
实验-高等学校-教材　Ⅳ.①TN111-33

中国国家版本馆 CIP 数据核字（2024）第 035056 号

责任编辑：刘丽菲　　　　　　　　　文字编辑：徐　秀　师明远
责任校对：边　涛　　　　　　　　　装帧设计：张　辉

出版发行：化学工业出版社（北京市东城区青年湖南街 13 号　邮政编码 100011）
印　　装：三河市延风印装有限公司
787mm×1092mm　1/16　印张 5　字数 100 千字　2024 年 6 月北京第 1 版第 1 次印刷

购书咨询：010-64518888　　　　　　　售后服务：010-64518899
网　　址：http://www.cip.com.cn
凡购买本书，如有缺损质量问题，本社销售中心负责调换。

定　　价：19.80 元

序

人才的培养要以专业和课程的建设为支撑，在国家"双万计划"建设背景下，做强一流本科、建设一流专业、培养一流人才，全面振兴本科教育，提高高校人才培养能力，实现高等教育内涵式发展，为高校的教育教学改革提供了机遇和挑战。

山东科技大学是一所工科优势突出，行业特色鲜明，工学、理学、管理学、文学、法学、经济学、艺术学等多学科相互渗透、协调发展的山东省重点建设应用基础型人才培养特色名校和高水平大学"冲一流"建设高校。学校紧密围绕国家、省重大战略和经济社会发展需求，结合办学定位、专业特色和服务面向，明确专业培养目标和建设重点，建立促进专业发展的长效机制，强化专业内涵建设，不断提高人才培养质量。学校紧紧把握机遇，全面启动了一流专业与课程的建设工作。目前，机械设计制造及其自动化、机械电子工程等16个国家级一流本科专业已通过工程教育认证。学校计划通过3年一流本科专业的建设，以专业认证促进专业高质量发展，落实"学生中心、目标导向、持续改进"理念，使其余国家级一流本科专业建设点专业全部通过教育部组织的专业认证，培养以"宽口径、厚基础、强能力、高素质"为特征的具有创新意识的人才。要培养具有创新意识的人才，实践教学所占的地位十分重要。众多发明创造都来自实验和实践。因此，营造一个较好的实验、实践环境，建立一套完善的实践体系，编写一套高质量的实验、实践教材是基本的保证。

按照一流专业建设的要求，学院组织了以实验中心教师为主、任课教师积极参与的教学团队，制订了一整套具有较强创新性的实验、实践教改方案。经过有关专家论证，结合一线教师的多年实践教学经验，组织编写了一套实验技术系列教材，包括《互换性与机械制造实验技术》《机械原理实验技术》《机械设计实验技术》《传感器与检测实验技术》。

该套教材主要特点如下：

（1）加强实践，注重学生动手能力培养；提高兴趣，培养学生创新能力。

（2）符合教学规律，实现了循序渐进，实验分为验证性实验、综合性实验、创新性实验和设计性实验4个层次。

（3）实现了内容的优化组合，突出了先进性和实用性。

（4）将数字化技术应用于教材中，增加了教材的直观性和生动性。

该套教材可以作为本校或者兄弟院校相同、相近专业学生的实验指导教材，也可以作为教师和工程技术人员的实验参考书。

2023 年 06 月

前言

　　机械原理是机械及近机械类专业的专业基础课程。机械原理实验教学在课程的学习中起着十分重要的作用，是有效地学习科学技术与研究科学理论的途径，通过实验操作技能的训练，学生可达到增强实际操作能力，提高创新设计，以及观察、思考、提问、分析和解决问题的能力。

　　全书包括六个实验内容：机构认识、机构运动简图测绘、渐开线齿轮参数测定、齿轮范成加工原理、智能动平衡实验、机构运动创新设计，实验项目包含认识性、验证性、创新性和综合性实验等类型。认识性和验证性实验能使学生进一步加深对理论知识的理解；创新性实验能使学生的分析和创新能力得到提高；综合性实验使学生可以由单一知识点向多章节知识点融会贯通。本书强调实验过程的自主性和以学生为中心，实验项目由实验目的、实验设备、实验原理、实验步骤及实验报告等部分有机组成，便于不同需求的学生根据具体情况使用。

　　本书由山东科技大学机械电子工程学院实验教学中心组织编写，由郭春芬、谷晓妹任主编。在本书的编写过程中，万殿茂教授给予了热情指导，在此表示诚挚的谢意！

　　由于编者能力所限，书中难免存在不妥之处，恳请予以批评指正。

编者

2023. 12

目录

实验须知

（1）进入实验室要自觉遵守实验室的规章制度，并接受实验指导教师的指导。

（2）使用实验仪器设备时，要严格遵守操作规程，与本次实验无关的仪器设备不得乱动。

（3）学生在实验室内应保持安静有序，并自觉维护室内卫生。

（4）实验中有损坏仪器设备、桌椅板凳等情况，应立即向指导教师报告，以便及时处理。

（5）尊重实验室管理人员的职权，对不遵守操作规程又不听劝告者，实验室管理人员有权令其停止实验，对违规操作并造成事故者追究其责任。

（6）学生应严格执行实验室安全操作规程，违反安全操作规程造成他人或自身伤害，由学生本人承担责任；丢失或损坏仪器设备、材料等，根据情节轻重予以批评教育、赔偿；未经实验室管理人员许可，学生不得将实验仪器、工具等带出实验室。

（7）实验中要一丝不苟、认真观察，准确、客观地记录各种实验数据，并提高自身独立思考、科学分析和动手实践的能力。

（8）实验完毕须把电源插头拔下，仪器设备、工具、量具、模型等物品整理好，经指导教师允许后方可离开实验室。

（9）学生如须重做实验，或做规定外的实验项目，应预先报告指导教师，征得同意后方可实验，以免发生事故。

（10）学生应服从指导教师的安排，独立完成规定的实验内容，认真做好实验记录，独立完成实验报告，并按规定时间送交实验报告，不得抄袭他人的实验记录和实验报告。

绪论

0.1 机械原理实验课程要求

实验是机械原理课程的一部分，是整个教学体系中重要的教学内容之一。学生通过课程的学习与实践，能够达到以下要求：

（1）了解机械原理实验常用的实验装置和仪器设备的工作原理，掌握实验原理、实验方法，会使用实验装置和仪器进行实验，获取数据，并对数据进行分析和处理，得出实验结论。

（2）严格按照科学规律进行实验操作，遵守实验操作规程，实事求是，不弄虚作假。

（3）实验过程中仔细观察实验现象，能够对观察到的现象进行独立分析和解释。

（4）实验报告是展示和保存实验结果的依据，同时也能展示学生分析综合、抽象概括、判断推理、语言表达及数据计算处理的综合能力。因此，实验报告要独立、认真、规范撰写。

0.2 机械原理实验课程学习要求

（1）重视动手能力的培养，注重细节

机械原理实验是以学生操作为主的技术基础课程。在具体的实验过程中，需要使用多种仪器设备和工具，因此，要求学生具有较强的动手能力，培养自己操作使用各种仪器设备和工具的能力，注重细节，清楚各种工具的使用规范和注意事项。

（2）培养善于思考、总结、分析的能力

学习过程中学生应有意识地对实验过程和实验结果进行思考，实验原理是什么？为什么要安排这样的实验步骤？实验得到的数据与理论是否一致？什么原因导致的误差甚至实验失败？通过这样的思考可以很好地培养自己分析问题、解决问题的能力，得到实用性结论，提高自己的工程实践能力。

（3）注重理论知识的实践应用，培养创新精神

机械原理课程作为一门技术基础课程涉及多门理论课程的知识，特别是一些较复杂的综合设计型实验更是多门学科知识的有机结合，因此学习本门课程，在重视动手能力的同时，也要注意夯实自己的理论基础，将多门学科的知识有机融合，在理论指导下综合利用各种实验设备和仪器设计新的实验方案，提高自身创新能力。

（4）注重团队意识的培养

实验的过程中往往需要多人合作，各行其是会降低工作效率，甚至导致实验失败。因此多人合作要合理分工，齐心协力完成实验目标。

（5）构建系统化、结构化的思维闭环

实验教学在强化专业基础知识、培养创新能力和科研素质方面，对专业人才培养目标能够起到有力的支撑作用。对照工程教育专业认证标准，其中工程能力主要体现在解决复杂工程问题时所表现出来的对工程知识的综合运用和创新性思维，需要学生构建有效的思维模型框架，将所学的理论知识运用到实验项目中，将静态的知识精细化应用，实现知行合一，在实验中培养计划方案、实施方案、总结方案、评估方案、优化方案、再计划方案的闭环思维，以提高自主学习能力和自主创新能力。

机构认识

1.1 实验目的

观看机械原理陈列柜，通过认识各种机构的组成、基本结构、特点、工作原理，理解其在机器中的应用，从而有助于机械原理课程的学习，提高机械创新设计和创新思维能力。

1.2 实验设备

机械原理陈列柜一套。陈列柜中展示典型传动机构，配以模型、文字、语音，可供学生参观自学。

1.3 实验内容

1.3.1 机构的组成展柜

运动副（图 1-1）是指两构件之间的可动连接。陈列有转动副、移动副、螺旋副、球面副和曲面副等模型。凡两构件通过面接触而构成的运动副，通称为低副；凡两构件通过点或线接触而构成的运动副，称为高副。

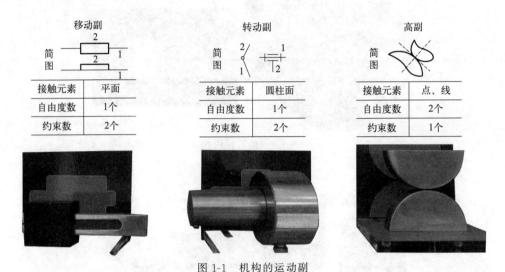

图 1-1　机构的运动副

1.3.2　平面连杆机构展柜

平面连杆机构是许多构件用低副（转动副和移动副）连接组成的平面机构。平面连杆机构由四个构件组成，简称平面四杆机构。它的应用非常广泛，是组成多杆机构的基础。对于铰链四杆机构来说，机架和连杆总是存在的，因此可按照连架杆是曲柄还是摇杆，将铰链四杆机构分为三种基本形式：曲柄摇杆机构、双曲柄机构和双摇杆机构（可观看机构运动讲解视频）。

视频：平面
连杆机构

铰链四杆机构的演变：

① 曲柄滑块机构的演化，当铰链四杆机构的摇杆长度增至无穷大并演化成滑块后，可以得到曲柄滑块机构；

② 偏心轮机构的演化，可以认为是将曲柄滑块机构中曲柄活动的转动副半径扩大，使之超过曲柄长度，并将曲柄的固定转动副包容进去后所得。

从平面四杆机构演化而来的机构可以观看视频：曲柄滑块机构、偏心轮机构（图 1-2）、正弦机构（图 1-3）、双重偏心机构、直动滑杆机构、摆动导杆机构（图 1-4）、摇块机构、转动导杆机构、双滑块机构。

1.3.3　平面连杆机构的应用展柜

（1）颚式碎石机（图 1-5）　它是曲柄摇杆机构的应用实例。当曲柄连续回转时，动颚板也往复摆动，从而将矿石轧碎。

视频：平面连杆
机构的应用

图 1-2 偏心轮机构

图 1-3 正弦机构

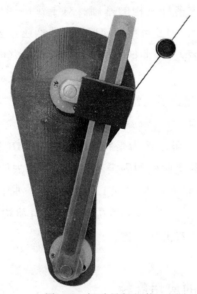

图 1-4 摆动导杆机构

（2）飞剪 它是曲柄摇杆机构的应用实例。它巧妙地利用连杆上一点的轨迹和摇杆上一点的轨迹的配合来完成剪切工作。剪切钢板时，要求两刀片相对、相背上下运动，在水平方向的分速度相等，并且约等于钢板的送进速度。

（3）惯性筛　惯性筛应用了双曲柄机构及曲柄滑块机构的组合。当原动曲柄等速转动时，从动曲柄做变速转动，从而固连于滑块上的筛子具有较大变化的加速度，而被筛的材料颗粒将因惯性作用而被筛分。

（4）摄影平台（图 1-6）　它是平行四边形机构的应用实例。这种机构的运动特点是，其两曲柄以相同的角速度同向转动，而连杆做平移运动。

（5）机车车轮　它也是平行四边形机构的应用实例，车轮以相同的角速度同向转动，而连杆做平动。

（6）鹤式起重机（图 1-7）　它是双摇杆机构的应用实例。当摇杆摆动时，另一摇杆随之摆动，连赶上一点轨迹近似水平线，使得悬挂在吊绳的重物在近似的水平直线上运动，避免重物平移时因不必要的升降而消耗能量。

图 1-5　连杆机构的应用（颚式破碎机）

图 1-6　连杆机构的应用（摄影机平台）

（7）牛头刨床　应用了摆动导杆机构，仔细观察刨刀前进和后退的速度变化，将发现这种机构具有"急回运动"的特征。

（8）冲床　根据冲床的结构、运动和机构运动简图，它是曲柄滑块机构的典型应用实例。

图 1-7　连杆机构的应用（鹤式起重机）

1.3.4　空间连杆机构展柜

视频：空间
连杆机构

RSSR 空间机构是一种常用的空间连杆机构。它由两个转动副（R）和两个球面副（S）组成，称为 RSSR 空间四杆机构。可用于传递交错轴间的运动。由于其主动件为曲柄，从动件为摇杆，所以也可以称为空间曲柄摇杆机构。若改变构件的尺寸，可得到空间双曲柄或空间双摇杆机构。

1.3.5　凸轮机构展柜

视频：凸轮机构

凸轮机构（图 1-8）常用于将主动构件凸轮的连续运动转变为从动构件的往复运动。只要适当设计凸轮的轮廓曲线，便可使从动件获得任意预定的运动规律，而且机构简单紧凑，因此广泛地应用于各种机械、仪表和操纵控制装置中。

图 1-8　凸轮机构

凸轮机构有很多种。按凸轮的形状不同，可分为盘形凸轮、移动凸轮和圆柱凸轮；按推杆的形状不同，可分为尖顶端推杆、平底推杆和滚子推杆；按锁合装置，可分为力锁合和结构锁合（常用的形式有沟槽凸轮、等宽凸轮、等径凸轮、共轭凸轮）。

1.3.6 齿轮机构展柜

视频：齿轮机构

齿轮机构是在各种机构中应用最为广泛的一种传动机构。它可用于传递空间任意两轴间的运动和动力，并且具有功率范围大、传动效率高、传动比准确、使用寿命长、工作安全可靠等特点。

根据一对齿轮在啮合过程中传动比（$i_{12}=\omega_1/\omega_2$）是否恒定，可将齿轮机构分为定传动比和变传动比。按照两轴间相对位置的不同可分类如下：两轴线平行的圆柱齿轮机构，包括外啮合齿轮机构、内啮合齿轮机构、齿轮齿条机构（图 1-9）、斜齿圆柱齿轮机构、人字齿轮机构；相交轴间传动的齿轮机构，包括直齿锥齿轮机构（图 1-10）、斜齿锥齿轮机构、曲线齿锥齿轮机构；交错轴间传动的齿轮机构，包括交错轴斜齿轮机构、准双曲面齿轮机构、蜗杆蜗轮机构。

图 1-9 齿轮齿条机构

图 1-10 直齿锥齿轮机构

1.3.7 轮系的类型展柜

由一系列齿轮所组成的齿轮传动系统称为齿轮轮系，简称轮系。轮系可分为定轴轮系、周转轮系和复合轮系。复合轮系由定轴轮系和周转轮系组成或由几个基本周转轮系组成复杂轮系。

视频：轮系的
类型

（1）定轴轮系（图1-11）　这种轮系在运转时，各个齿轮轴线相对机架的位置都是固定的，故称为定轴轮系。

图1-11　定轴轮系

（2）行星轮系　在此轮系中，我们把绕着固定轴线回转的齿轮称为中心轮，而把轴线位置不固定的齿轮叫作行星轮，支承行星轮且绕固定轴线回转的构件称为系杆（或行星架），其周转轮系的自由度等于1。

（3）差动轮系　我们可以发现与行星轮相啮合的两个中心轮都是原动件，整个轮系的自由度为2。为了确定这种轮系的运动，必须向轮系输入两个独立的运动。如果将任一中心轮加以固定，则自由度为1，轮系变为行星轮系。

1.3.8 轮系的功用展柜

在各种机械中，轮系机构的应用是十分广泛的，其功用大致
可以归纳为以下几方面：

视频：轮系的功用

（1）较大的传动比（图1-12）；

（2）分路传动；

（3）变速传动；

（4）换向传动；

（5）运动的合成；

（6）运动的分解。

图 1-12　轮系的功用（较大传动比）

1.3.9　间歇运动机构展柜

视频：间歇
运动机构

　　在机构中，常需要使一些构件产生周期性的运动和停歇，这种机构称为停歇运动机构和间歇运动机构，如棘轮机构（图 1-13）、摩擦式棘轮机构、超越离合器、外槽轮机构、内槽轮机构、球面槽轮机构、不完全齿轮机构（渐开线）、摆线针轮不完全齿轮机构、凸轮式间歇运动机构。

图 1-13　棘轮间歇运动机构

1.3.10　组合机构展柜

视频：组合机构

　　由于生产上对机构运动形式、运动规律和机构性能等方面要求多样性和复杂性，且单一机构性能有局限性，仅采用某一种基本机构往往不能满足设计要求，因而常须把几种基本机构联合起来组成一种组合机构。组合机构可以是同类型基本机构的组合，也可以是不同类型基本机构的组成，常见的组合方式有串联、并联、反馈以及叠加等。如凸轮-蜗杆组合机构（图 1-14）、叠加机构、联动凸轮组合机构、联动凸轮机构、转动导杆-齿轮机构、凸轮-齿轮组合机构、凸轮-连杆组合机构、齿轮-连杆组合机构（图 1-15）。

图 1-14　凸轮-蜗杆组合机构

图 1-15　齿轮-连杆组合机构

机构运动简图测绘

2.1 实验目的

机构是由许多构件组成的。机构的每一个构件都以一定的方式与某些构件相互连接。这种连接不是固定连接，而是能产生一定相对运动的连接。这种使构件直接接触并能产生一定相对运动的连接称为运动副。运动副是通过点、线和面的接触来实现的，通过点、线接触为高副；通过面接触为低副。

分析现有机构或设计新机构时，首先要对机构的运动情况和受力情况进行分析。机构运动简图就是进行这种分析所必需的图形。在机构运动简图中，应该表明该机构的机架、主动件、从动件及连接各构件的运动副类型和它们的相对位置。它的特点是略去构件外形、运动副的具体构造等与运动无关的因素，用规定的符号和线条来表示运动副和构件，并按一定比例表示各运动副的相对位置和构件尺寸，把机构的运动情况表示出来，其目的是使图形简单醒目，便于进行运动和动力分析。有时只是为了表明机构的结构状况，也可以不要求用严格的比例来绘制简图，而通常把这样的机构运动简图称为机构的示意图。本次实验目的如下：

（1）熟悉机构运动简图的绘制方法。

（2）验证机构自由度的计算方法，并验证机构确定运动条件。

2.2 实验设备及工具

（1）机械实物或机械模型若干。

（2）尺子、圆规、橡皮、铅笔及草稿纸（学生自备）。

2.3 机构运动简图测绘示例

2.3.1 机构运动简图测绘步骤

下面以图 2-1 所示的偏心轮机构为例，介绍绘制机构运动简图的方法及步骤。

（1）认清活动构件数目 转动手柄，使机构运动，注意观察此机构中哪些是活动构件，哪些是固定构件，并逐一标注构件号码。如：1—机架；2—偏心轮；3—连杆；4—活塞。

（2）判断各构件的运动副性质 反复转动手柄，判定构件 2 与 1 的相对运动是绕轴 A 转动，故 2 与 1 在 A 点组成转动副；构件 3 与 2 在 B 点组成转动副；构件 4 与 3 绕轴 C 点相对转动，故 4 与 3 在 C 点组成转动副；构件 4 与 1 沿水平方向 x-x 相对移动，故 4 与 1 组成方位线为 x-x 的移动副。

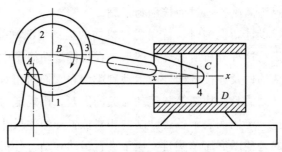

图 2-1 偏心轮机构

（3）画出运动副和构件符号 对于组成转动副的构件，不管其实际形状如何，都只用两转动副之间的连线代表。如图 2-2 所示，AB 代表构件 2，BC 代表构件 3。

对于组成移动副的构件，不管其截面形状如何，总用滑块表示。如图 2-2 所示，滑块 4 代表构件 4，并通过滑块上转动副 C 的中心画出中心线 x-x，代表构件 4 与 1 相对移动的方向。

机架画斜线来表示，以便与活动机件区别，如图 2-2 所示的构件 1。

原动件在其上画箭头来表示，以便与从动件区别，如图 2-2 所示的构件 2。

图 2-2 即为图 2-1 所示机构的运动简图。

（4）测量各构件尺寸 测量杆 AB（偏心轮的回转中心 A 到几何中心 B 的距离，即偏心距）和杆 BC（几何中心 B 到转动副 C 的距离）的长度，以及移动方向线 x-x 至

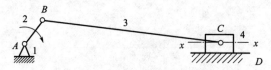

图 2-2　偏心轮机构运动简图

转动副 A 的距离。

（5）选取适当的长度比例尺，按比例画出机构运动简图。

$$\mu_l = \frac{图示长度（mm）}{实际长度（mm）}$$

2.3.2　机构自由度计算

（1）计算自由度 F。机构自由度计算公式为

$$F = 3n - 2P_L - P_H \tag{2-1}$$

式中，n 为机构活动构件数；P_L 为平面低副个数；P_H 为平面高副个数。

在本机构中，$n=3$（构件 2、3 和 4 为活动构件），$P_L=4$（转动副 A、B、C 及移动副 D），$P_H=0$，代入式（2-1）得

$$F = 3n - 2P_L - P_H = 3 \times 3 - 2 \times 4 - 0 = 1$$

（2）核对计算结果是否正确。根据计算的自由度 $F=1$，给予机构一个原动件——手柄。当手柄转动时，可观察到机构各构件运动均是确定的，因此，计算结果符合实际情况。

2.4　实验步骤

（1）在草稿纸上绘制指定的机构运动简图，并测量各构件的尺寸。

（2）计算机构自由度，并将其结果与实际机构对照，观察是否相符。

（3）填写实验报告（可在实验课后进行）。

渐开线齿轮参数测定

3.1 实验目的

（1）掌握应用游标卡尺及其他量具测定直齿圆柱齿轮基本参数的方法。

（2）巩固并熟悉齿轮的各部分尺寸、参数关系和渐开线的性质。

3.2 实验设备及工具

（1）渐开线齿轮一对（齿数为奇数和偶数各一个）。

（2）游标卡尺。

（3）计算器（自备）。

（4）渐开线函数表（自备）。

3.3 实验方法

渐开线直齿圆柱齿轮的基本参数：齿数 z、模数 m、分度圆压力角 α、齿顶高系数 h_a^*、顶隙系数 c^*、变位系数 x 等。本实验是用游标卡尺（或公法线千分尺、齿厚游标卡尺）来测量，并通过计算确定齿轮的基本参数。

（1）确定齿数

直接数出一对齿轮的齿数 z_1 和 z_2。

（2）确定模数 m 和压力角 α

因为

$$p_b = \pi m \cos\alpha$$

为确定模数 m 和压力角 α，要先测定基圆齿距 p_b。

① 测定基圆齿距 p_b　方法如图 3-1 所示，用游标卡尺（或公法线千分尺）跨过 k 个齿，测得齿廓间的公法线长度为 W_k（mm），然后再跨过 $k+1$ 个齿，测其公法线长度为 W_{k+1}（mm），为了保证游标卡尺（或公法线千分尺）的两个测量面与齿廓的渐开线相切，跨齿数 k 值应根据被测齿轮的齿数 z 参照表 3-1 来确定。

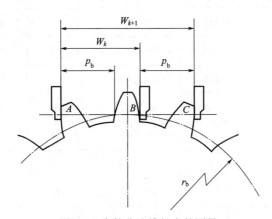

图 3-1　齿轮公法线长度的测量

表 3-1　跨齿数 k 选择对照表

z	12~17	18~26	27~35	36~44	45~53	54~62	63~71	72~80
k	2	3	4	5	6	7	8	9

由渐开线的性质可知，齿廓间的公法线与所对应的基圆上的弧长相等。因此

$$W_k = (k-1)p_b + s_b$$

$$W_{k+1} = kp_b + s_b$$

由以上两式可得

基圆齿距　　　　　　　　　　$p_b = W_{k+1} - W_k$

基圆齿厚　　　　　　　　　　$s_b = W_{k+1} - kp_b$

② 由于国内外齿轮的压力角数值有多种，如 $22.5°$、$20°$、$17.5°$、$15°$、$14.5°$等。当基圆齿距 p_b 测定后，参照表 3-2 即可确定出被测齿轮的模数 m 和压力角 α。

除上述用游标卡尺或公法线千分尺测公法线来确定模数 m 和压力角 α 外，在生产中还可采用成套的齿形卡板来确定模数 m 和压力角 α。齿形卡板是按标准齿条的形状制造的，一套齿形卡板是由各种模数和压力角的若干块组成，可通过逐块试测的方

法来确定模数 m 和压力角 α 数值。

表 3-2　基圆齿距 $p_b = \pi m \cos\alpha$ 的数值　　　　单位：mm

模数 m	径节 D_p	$p_b = \pi m \cos\alpha$				
		$\alpha = 22.5°$	$\alpha = 20°$	$\alpha = 17.5°$	$\alpha = 15°$	$\alpha = 14.5°$
3	8.4667	8.707	8.856	8.989	9.104	9.125
3.175	8	9.215	9.373	9.513	9.635	9.657
3.25	7.8154	9.433	9.594	9.738	9.862	9.885
3.5	7.2571	10.159	10.332	10.487	10.621	10.645
3.629	7	10.533	10.713	10.373	11.012	11.038
3.75	6.7733	10.884	11.070	11.236	11.379	11.406
4	6.3500	11.610	11.809	11.986	12.138	12.166
4.233	6	12.286	12.496	12.683	12.845	12.875
4.5	5.6444	13.061	13.285	13.483	13.655	13.687
5	5.0800	14.512	14.761	14.981	15.173	15.208
5.080	5	14.744	15.300	15.221	15.415	15.451
5.5	4.6182	15.963	16.237	16.474	16.690	16.728
5.644	4.5	16.381	16.662	16.910	17.127	17.166
6	4.2333	17.415	17.713	17.977	18.207	18.249
6.350	4	18.431	18.746	19.026	19.269	19.314
6.5	3.9077	18.866	19.189	19.475	19.724	19.770
7	3.6286	20.317	20.665	20.973	21.242	21.291
7.257	3.5	21.063	21.424	21.743	22.022	22.072
8	3.1750	23.220	23.617	23.969	24.276	24.332
8.467	3	24.575	24.996	25.369	25.693	25.753
9	2.832	26.122	26.569	26.966	27.311	27.374
9.236	2.4275	26.807	27.266	27.673	28.027	28.072
10	2.54	29.024	29.521	29.962	30.345	30.415

（3）确定变位系数 x

若被测齿轮是变位齿轮，还应确定变位系数，可通过基圆齿厚公式（r_b 为基圆半径）来确定，有

$$s_b = s\frac{r_b}{r} + 2r_b \mathrm{inv}\alpha$$

其中
$$s = m\left(\frac{\pi}{2} + 2x\tan\alpha\right)$$

$$r_b = r\cos\alpha$$

代入得
$$s_b = m\left(\frac{\pi}{2} + 2x\tan\alpha\right)\cos\alpha + 2\frac{mz}{2}\cos\alpha\,\mathrm{inv}\alpha$$

则
$$x = \frac{\dfrac{s_b}{m\cos\alpha} - \dfrac{\pi}{2} - z\,\mathrm{inv}\alpha}{2\tan\alpha}$$

（4）确定齿顶高系数 h_a^* 和顶隙系数 c^*

$$h_f = m(h_a^* + c^* - x) = \frac{mz - d_f}{2}$$

其中，齿根圆直径 d_f 可用游标卡尺测量。若齿数为偶数，可直接用游标卡尺测量，如图 3-2(a) 所示；若齿数为奇数，则不能直接测量出，要通过轴孔分别测量，如图 3-2(b) 所示。

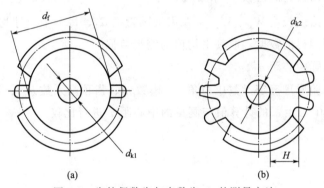

图 3-2　齿轮偶数齿与奇数齿 d_f 的测量方法

$$d_f = d_{k2} + 2H \tag{3-1}$$

式（3-1）中，齿顶高系数 h_a^* 和顶隙系数 c^* 未知，故分别以 $h_a^* = 1$，$c^* = 0.25$ 和 $h_a^* = 0.8$，$c^* = 0.3$ 两种标准代入，接近符合等式的一组为所求的值。

（5）确定一对啮合传动的齿轮啮合角 α' 和中心距 a'

① 中心距 a'　测定中心距的方法如图 3-3 所示。首先使这对齿轮做无齿侧间隙啮合，然后用游标卡尺测量齿轮的孔径 d_{k1}、d_{k2} 及尺寸 b，得

$$a' = b + \frac{1}{2}(d_{k1} + d_{k2})$$

② 啮合角 α'　根据这对齿轮已测得的变位系数 x_1 和 x_2，可得

$$\mathrm{inv}\alpha' = \frac{2(x_1 + x_2)}{z_1 + z_2}\tan\alpha + \mathrm{inv}\alpha$$

查渐开线函数表就可得到啮合角 α' 值。

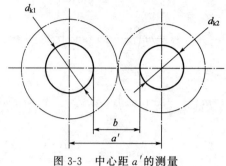

图 3-3　中心距 a' 的测量

3.4　实验步骤

（1）直接数出齿轮的齿数 z_1 和 z_2。

（2）测量公法线长度 W_k、W_{k+1} 及齿根圆直径 d_f，每一个尺寸均在不同位置测量三次，记录所测得的数据，取其平均值为测量数据。

（3）测量实际中心距 a'。

（4）根据实验原理确定参数压力角 α、模数 m、齿顶高系数 h_a^*、顶隙系数 c^* 和中心距 a，并将中心距 a 的计算值与测量的中心距 a' 进行比较。

齿轮范成加工原理

4.1　概述

齿轮加工的方法很多，有切制法、铸造法、热轧法、冲压法、模锻法、粉末冶金法等，目前最常用的是切制法。用切制法加工齿轮齿廓的工艺也是多种多样的，就其原理可分为仿形法和范成法。仿形法切齿方法简单，不需要专用机床，但生产率低，精度差，故仅适用于单件生产及精度不高的齿轮加工。范成法是利用一对齿轮（或齿轮与齿条）互相啮合时其共轭齿廓互为包络线的原理来切制的。如果把其中一个齿轮（或齿条）做成刀具，就可以切出与它共轭的渐开线齿廓。常用的刀具有齿轮插刀、齿条插刀和齿轮滚刀等。

4.1.1　齿轮插刀

如图 4-1 所示为齿轮插刀加工齿轮的情形。插刀的形状就像一个具有刀刃的外齿轮。加工时，插刀沿轮坯轴线方向做快速的往复运动，进行切削。在每次退刀后，使插刀与轮坯以所需的传动比各自转过相应的微小角度，就如同一对啮合的齿轮一样。在这种相对的运动过程中，刀刃包络切齿齿廓。

4.1.2　齿条插刀

如图 4-2 所示为齿条插刀齿廓的形状，刀具顶部比传动用的齿条高出 $c^* m$（圆角部分），以便切出传动时的径向间隙部分。加工时，刀具与齿轮轮坯之间的展成运动相当于齿条与齿轮之间的啮合运动。齿条插刀的移动速度为

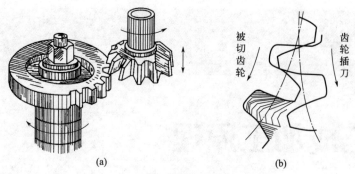

图 4-1 齿轮插刀切齿

$$v = (d/2)\omega = (mz/2)\omega$$

其切齿原理与用齿轮插刀加工齿轮的原理相同。

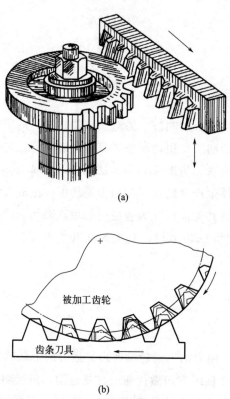

(a)

(b)

图 4-2 齿条插刀切齿

4.1.3 齿轮滚刀

如图 4-3 所示为齿轮滚刀形状。滚切法是使用齿轮滚刀在专用机床上进行切齿的大批量、高生产率的加工方法。滚刀的外形类似蜗杆，在纵剖面，它相当于一根具有直线齿刃的齿条。切齿时，使滚刀和轮坯保持所需的传动比关系，各自绕自己的轴线旋转，并且在轮坯转过一周后再沿轮坯的轴向进给微小距离，直到沿齿宽全长切出全部齿廓为止。

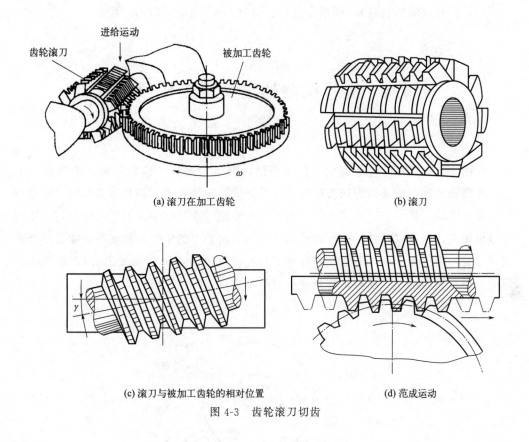

(a) 滚刀在加工齿轮　　　　　　　　(b) 滚刀

(c) 滚刀与被加工齿轮的相对位置　　　(d) 范成运动

图 4-3　齿轮滚刀切齿

4.2　实验目的

（1）观察渐开线齿廓的形成过程，掌握用范成法切制渐开线齿轮齿廓的基本原理。

（2）观察渐开线齿轮产生根切的现象，了解产生根切的原因以及如何避免根切。

（3）分析比较标准齿轮和变位齿轮的异同点。

4.3　实验设备及工具

（1）齿轮范成仪。

齿轮范成仪的基本参数：模数 $m=15$，压力角 $\alpha=20°$，齿顶高系数 $h_a^*=1$，顶隙系数 $c^*=0.25$。

（2）用具（学生自备）：圆规、直尺、铅笔、A4 图纸、剪刀、橡皮。

4.4　实验仪器的结构及工作原理

如图 4-4 所示为齿轮范成仪结构示意图，圆盘为被加工齿轮轮坯，安装在机架上，并绕轴转动，齿条刀为切齿的齿条刀具，安装在溜板上，当移动溜板时，圆盘与溜板做纯滚动。将齿条刀的刻度线与刻度尺的零位对准时，齿条刀中线恰好与轮坯的分度圆相切，则可以绘制出标准齿轮的齿廓。当齿条刀的中线与轮坯的分度圆间有距离时（其移距值为 xm，可在溜板的刻度上直接读出，或用直尺量出来），则可按移距的大小和方向绘制出各种正移距或负移距的变位齿轮。

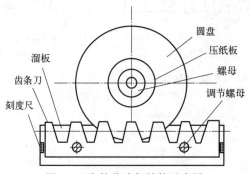

图 4-4　齿轮范成仪结构示意图

范成法是利用一对齿轮相互啮合时其齿廓互为包络线的原理来加工轮齿的。加工时，其中一轮为刀具，另一轮为轮坯，它们保持固定速比的运动，这样所制得齿轮的齿廓就是刀具刀刃在各个位置的包络线。由于在实际加工时，看不到包络线的形成过程，故通过实验，可在范成仪上实现轮坯与刀具之间的相对运动，用铅笔将刀具刀刃的各个位置画在图纸上，这样就可以清楚地观察到齿轮范成的过程。

4.5　实验步骤

（1）根据齿条刀具的模数 m 和被加工齿轮的齿数 z，计算出无根切变位齿轮的最

小变位系数 $x_{\min}$，$x_{\min}=h_a^*(z_{\min}-z)/z_{\min}$，然后确定实际变位系数 x。计算出分度圆、基圆直径，以及标准齿轮、变位齿轮的齿根圆及齿顶圆直径，将计算结果填入试验报告的表中。

（2）将一张绘图纸等分成两个象限，分别表示待加工的标准齿轮和正变位齿轮，将上述各圆画在相应象限内，沿齿顶圆直径将绘图纸剪成圆形纸片，作为本实验用的轮坯。

（3）将轮坯图纸固定在圆盘上，对准中心，调节中线与轮坯 $d=mz$ 分度圆相切，绘制标准齿轮。

（4）开始绘制齿轮时，将刀具推到最右边，然后每当把机架溜板向左推动一个距离（1～3mm）时，在轮坯的图纸上，用铅笔描下刀具的刀刃位置直到形成 4 个完整的齿形为止。

（5）使刀具离开轮坯中心，正移距变位系数乘以模数 m（mm），即 xm（$x >$ $x_{\min}$），再绘制出齿廓，观察齿廓形状，看齿顶有无变尖现象。

（6）比较所得标准齿轮和移距变位齿轮的齿厚、齿槽宽、齿距、齿顶厚、基圆齿厚、根圆、顶圆、分度圆和基圆的相对变化特点。

智能动平衡实验

5.1 实验目的

(1) 了解并掌握刚性转子动平衡原理和方法。

(2) 了解实验用动平衡实验台的结构和工作原理。

(3) 了解用传感器及其测试仪器测量动态参数的基本原理和方法。

5.2 实验设备

(1) DPH-Ⅰ型智能动平衡机。

(2) 转子及平衡块。

(3) 计算机。

5.3 实验原理

转子动平衡检测一般用于轴向宽度 B 与直径 D 的比值大于 0.2（$B/D>0.2$）的转子（$B/D<0.2$ 的转子适用于静平衡），转子动平衡检测时，必须同时考虑其惯性

力和惯性力偶的平衡，即 $P_i = 0$，$M_i = 0$。如图 5-1 所示，设回转构件的偏心重 Q_1 及 Q_2 分别位于平面 1 和平面 2 内，r_1 和 r_2 为其回转半径。当回转体以等角速回转时，它们将产生离心惯性力 P_1 及 P_2，形成一空间力系。

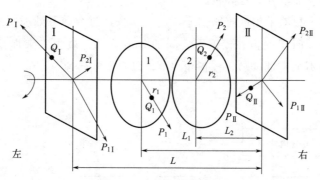

图 5-1　动平衡计算模型

由理论力学可知，一个力可以分解为与它平行的两个力。因此可以根据该回转体的结构，选定两个平衡基面 I 和 II 作为安装配重的平面。将上述离心惯性力分别分解到平面 I 和 II 内，即将力 P_1 及 P_2 分解为 $P_{1\mathrm{I}}$ 及 $P_{2\mathrm{I}}$ （在平面 I 内）及 $P_{1\mathrm{II}}$ 及 $P_{2\mathrm{II}}$（在平面 II 内）。这样就可以把空间力系的平衡问题转化为两个平面汇交力系的平衡问题了。显然，只要在平面 I 和 II 内各加入一个合适的配重 Q_{I} 和 Q_{II}，使两平面内的惯性力之和均等于零，构件也就平衡了。

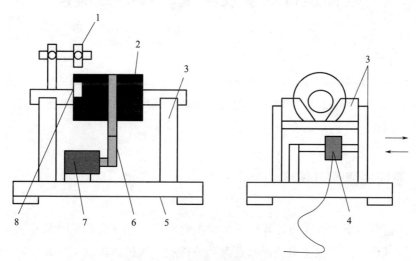

图 5-2　动平衡机实验台机械结构

1—光电传感器；2—被试转子；3—硬支撑摆架组件；4—压力传感器；

5—减振底座；6—传动带；7—电动机；8—零位标志

DPH-I 型智能动平衡机结构如图 5-2 所示。测试系统由计算机、数据采集器、高灵敏度有源压电力传感器和光电相位传感器等组成。当被测转子在部件上被拖动旋转后，由于转子的中心惯性主轴与其旋转轴线存在偏移而产生不平衡离心力，迫使支承做强迫振动，安装在左右两个硬支撑机架上的两个有源压电力传感器感受磁力而发生机电换能，产生两路有不平衡信息的电信号输出到数据采集装置的两个信号输入端；与此同时，安装在转子上方的光电相位传感器产生与转子旋转同频同相的参考信号，通过数据采集器输入到计算机。

计算机通过采集器采集此三路信号，由虚拟仪器进行前置处理、跟踪滤波、幅度调整、相关处理、FFT变换、校正面之间的分离解算、最小二乘加权处理等。最终算出左右两面的不平衡量（g），校正角（°），以及实测转速（r/min）。实验系统框图如图5-3所示。

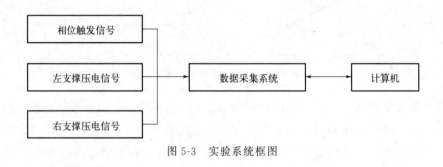

图5-3　实验系统框图

5.4　软件运行环境及主要软件界面操作介绍

本软件为实验演示软件，目的是检测和演示如何对转子进行动平衡，因此功能很强大，不但能找到偏心的位置和偏心量的大小，而且可演示整个检测处理过程。下面将对软件界面作一个简单的介绍：

5.4.1　系统主界面（图5-4）

进入系统所需要的时间由计算机系统的配置而定，计算机系统的配置越好，软件的启动速度越快，启动进度由上面绿色滚动条指示。通过点击启动界面可进入系统主界面。系统主界面图5-4中1~11解释如下：

1——测试结果显示区域，包括左右不平衡量显示、转子转速显示、不平衡方位显示。

2——转子结构显示区，可以通过双击当前显示的转子结构图，直接进入转子结构选择图，选择需要的转子结构。

3——转子参数输入区域，在计算偏心位置和偏心量时，需要输入当前转子的各

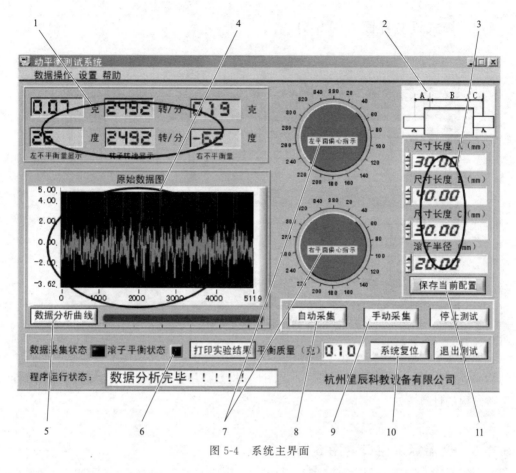

图 5-4　系统主界面

种尺寸，如输入区域显示的尺寸，在该区域没有标出的尺寸是转子半径，输入数值均是以毫米（mm）为单位的。

4——原始数据显示区，该区域是用来显示当前采集的数据或者调入的数据的原始曲线，在该曲线上可以看出机械振动的大概情况，根据转子偏心的大小，在原始曲线上可以看出一些周期性的振动情况。

5——数据分析曲线显示按钮：通过该按钮可以进入详细曲线显示窗口，可以通过详细曲线显示窗口看到整个分析过程。

6——指示出检测后的滚子的状态，灰色为没有达到平衡，蓝色为已经达到平衡状态。平衡状态的标准通过"左右不平衡量"栏设定。

7——左右两平面不平衡量角度指示图，指针指示的方位为偏重的位置角度。

8——自动采集按钮，为连续动态采集方式，直到停止按钮按下为止。

9——手动采集按钮。

10——系统复位按钮，清除数据及曲线，重新进行测试。

11——工件几何尺寸保存按钮开关，点击该开关可以保存设置数据（重新开机数据不变）。

5.4.2 模式设置界面（图5-5）

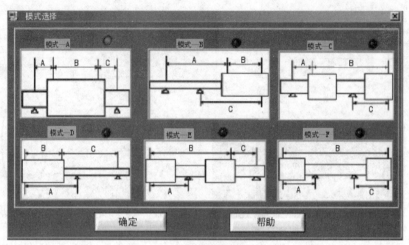

图5-5 模式设置界面

如图5-5所示，图上罗列了一般转子的结构图，可以通过鼠标来选择相应的转子结构来进行实验。每一种结构对应了一个计算模型，用户选择了转子结构同时也选择了该结构的计算方法。

5.4.3 仪器标定窗口（图5-6）

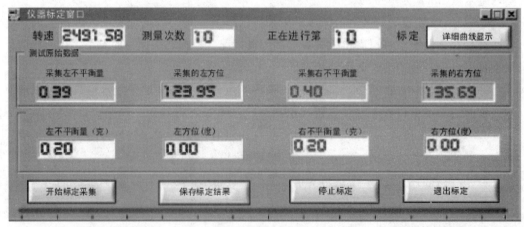

图5-6 仪器标定窗口

进行标定的前提是有一个已经平衡了的转子，在已经平衡了的转子上的 A、B 两面加上偏心重量，所加的重量（不平衡量）及偏角（方位角）从"仪器标定窗口"输入，启动装置后，通过点击"开始标定采集"来开始标定的第一步，这里需要注意的是所有的这些操作是针对同一结构的转子进行标定的，以后进行转子动平衡时应该是同一结构的转子，如果转子的结构不同则需要重新标定。"测量次数"自己设定，次数越多标定的时间越长，一般 5～10 次。"测试原始数据"栏只是观察数据栏，只要有数据则表示正常，反之为不正常。点击"详细曲线显示"按钮可观察标定过程中数据的动态变化过程，来判断标定数据的准确性。

在数据采集完成后，计算机采集并计算的结果位于第二行的显示区域，可以将手工添加的实际不平衡量和实际的不平衡位置填入第三行的输入框中，输入完成并按"保存标定结果"按钮，"退出标定"完成该次标定。

5.4.4　数据分析窗口（图 5-7）

按"数据分析曲线"键，得如图 5-7 所示窗口，可详细了解数据分析过程。

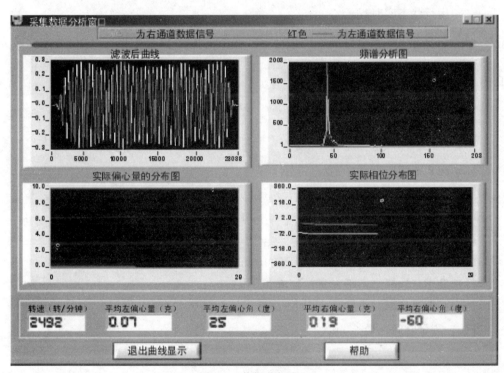

图 5-7　数据分析窗口

（1）滤波后曲线：显示数字滤波后的曲线，横坐标为离散点，纵坐标为幅值。

（2）频谱分析图：显示 FFT 变换左右支撑振动信号的幅值谱，横坐标为频率，纵坐标为幅值。

（3）实际偏心量的分布图：自动检测时，动态显示每次测试的偏心量的变化情况。横坐标为测量点数，纵坐标为幅值。

（4）实际相位分布图：自动检测时，动态显示每次测试的偏相位角的变化情况。横坐标为测量点数，纵坐标为偏心角度。

（5）最下端指示栏指示出每次测量时转速、偏心量、偏心角的数值。

5.5　主要技术性能与参数

5.5.1　主要技术性能

（1）虚拟智能化测试界面。

（2）硬支承动平衡采用 A、B、C 尺寸（见图 5-5）解算，永久定标具有六种支承方式。

（3）运行状态实时提示。

（4）具有剩余不平衡量允差设置功能，自动提示合格。

5.5.2　主要技术参数

（1）工件质量范围：0.1～5kg。

（2）工件最大外径：Φ260mm。

（3）两支承间距离：50～400mm。

（4）支承轴径范围：Φ3～30mm。

（5）圈带传动处轴径范围：Φ25～80mm。

（6）电动机功率：0.12kW。

（7）平衡转速：约 1200r/min，2500r/min 两档。

（8）最小可达残余不平衡量≤0.3g。

（9）一次降低率：≥90%。

（10）测量时间：最长 3s。

5.6　实验步骤

5.6.1　平衡件模式选择

点击"动平衡实验系统"图标，出现"动平衡实验系统"的虚拟仪器操作界面，点击左上"设置"菜单功能键的"模式设置"功能，屏幕上出现模型 ABCDEF 六种模型。根据动平衡元件的形状，选择其模型格式。选中的模型右上角的指示灯变红，点击"确定"，回到虚拟仪器操作界面，在界面右上角就会显示所选定的模型形态。量出所要平衡器件的具体尺寸，并根据图示平衡件的具体尺寸，将数字输入图5-4中相应的尺寸长度 A、B、C 框内。点击"保存当前配置"键，仪器就能记录、保存这批数据，作为平衡件相应平衡公式的基本数据。只要不重新输入新的数据，此格式及相关数据不管计算机是否关机或运行其他程序，始终保持不变。

5.6.2　系统标定

（1）点击"设置"框的"系统标定"功能键，屏幕上出现仪器标定窗口。将两块 2g 重的磁铁分别放置在标准转子左右两侧的零度位置上，在标定数据输入窗口框内，将相应的数值分别输入"左不平衡量""左方位"；"右不平衡量"及"右方位"的数据框内（按以上操作，左、右不平衡量均为 2g，左、右方位均是零度），启动动平衡试验机，待转子转速平稳运转后，点击"开始标定采集"，下方的红色进度条会作相应变化，上方显示框显示当前转速及正在标定的次数，标定值是多次测试的平均值。

（2）平均次数可以在"测量次数"框内人工输入，一般默认的次数为 10 次。标定结束后应按"保存标定结果"键，完成标定过程后，按"退出标定"键，即可进入转子的动平衡实际检测。标定测试时，在仪器标定窗口"测试原始数据"框内显示的四组数据，是左右两个支撑输出的原始数据。如在转子左右两侧，同一角度，加入同样重量的不平衡块，而显示的两组数据相差甚远，应适当调整两面支撑传感器的顶紧螺钉，可减少测试的误差。

5.6.3　动平衡测试

（1）手动（单次）　手动测试为单次检测，检测一次系统自动停止，并显示测试结果。

（2）自动（循环）　自动测试为多次循环测试，可以看到系统动态变化。按"数据分析曲线"键，可以看到测试曲线变化情况。需要注意的是：要进行加重平衡时，在停止转子运转前，必须先按"停止测试"键，使软件系统停止运行，否则会出现异常。

5.6.4　实验曲线分析

在数据采集过程中，或在停止测试时，都可在前面板区按"数据分析曲线"键，计算机屏幕会切换到"采集数据分析"窗口，该窗口有四个图形显示区和五个数字显示窗口，它们分别是"滤波后曲线""频谱分析图""实际偏心量的分布图"和"实际相位分布图"四个图形显示区和转速、平均左右偏心量及平均左右偏心角五个数字显示窗口，该分析窗口的功能主要是将实验数据的整个处理过程，详细地展示在学生面前，使学生进一步认识到如何从一个混杂着许多干扰信号的原始信号中，通过数字滤波、FFT信号频谱分析等数学手段提取有用的信息。该窗口不仅显示了处理的结果，还交代了信号处理的演变过程，这对培养学生解决问题、分析问题的能力是很有意义的。在自动测试情况下（即多次循环测试），从"实际偏心量分布图"和"实际相位分布图"可以看到，每次测试过程当中的偏心量和相位角的动态变化、曲线变化波动较大说明系统不稳定要进行调整。

5.6.5 平衡过程

本实验装置在做动平衡实验时，为了方便起见一般是用永久磁铁配重，做加重平衡实验，根据左、右不平衡量显示值（显示值为去重值），加重时根据左、右相位角显示位置，在对应其相位180°的位置，添置相应数量的永久磁铁，使不平衡的转子达到动态平衡的目的。在自动检测状态时，先在主面板按"停止测试"键，待自动检测进度条停止后，关停动平衡实验台转子，根据实验转子所标刻度，按左、右不平衡量显示值，添加平衡块，其质量可等于或略小于面板显示的不平衡量，然后，启动实验装置，待转速稳定后，再按"自动测试"键，进行第二次动平衡检测，如此反复多次，系统提供的转子一般可以将左、右不平衡量控制在0.1g以内。在主界面中的"左右不平衡量"栏中输入实验要求偏心量（一般要求大于0.05g）。当"滚子平衡状态"指示灯由灰色变蓝色时，说明转子已经达到了所要求的平衡状态。

由于动平衡数学模型计算理论的抽象化、理想化和实际动平衡器件及其所加平衡块的参数多样化的区别，动平衡实验的过程是个逐步逼近的过程。

5.6.6 动平衡实验操作示例

（1）接通实验台和计算机USB通信线，并装上密码狗（此时应关闭实验台电源）。

（2）打开"测试程序"图标，然后打开实验台电源开关，并打开电动机电源开关，点击"开始测试"。这时应看到绿、白、蓝三路信号曲线，如没有应检查传感器的位置是否放好。

（3）三路信号正常后点击"退出测试"，退出"测试程序"。然后双击"动平衡实验系统"图标进入实验状态。

（4）测量A、B、C尺寸（图5-5）及转子半径尺寸并输入各自窗口，然后点击"设置"窗口进入"仪器标定窗口"界面。在标定数据输入窗口输入左、右不平衡量及左、右方位度数（一般以我们给的最大重量磁钢2g作标定，方位放在0°），数据输入后点击"开始标定采集"窗口开始采集。这时可以点击"详细曲线显示"窗口，显示曲线动态过程。等测试十次后自动停止测试。点击"保存标定结果"窗口，回到原始实验界面，开始实验。

（5）点击"自动采集"窗口，采集 3～5 次数据比较稳定后点击"停止测试"窗口，以左右各放 1.2g 配重块为例，左边放在 0°处，右边放在 270°处。这时数据显示为：

左不平衡量显示	转子转速显示	右不平衡量显示
1.32g	1120r/min	1.22g
0°	1120r/min	280°

然后在左边 180°处放 1.2g 配重块，在右边 280°对面 100°（280＋180－360＝100）处放 1.2g 配重块，点击"自动采集"。开始采集 3～5 次数据后点击"停止测试"。这时数据为：

左不平衡量显示	转子转速显示	右不平衡量显示
0.45g	1105r/min	0.12g
283°	1105r/min	265°

若我们设定左、右不平衡量≤0.3g 时即为达到平衡要求。这时左边还没平衡右边已平衡。在左边 283°对面 103°处放 0.4g 配重块，点击"自动采集"，采集 3～5 次数据后，这时数据为：

左不平衡量显示	转子转速显示	右不平衡量显示
0.16g	1168r/min	0.13g
－17°	1168r/min	－94°

这时两边不平衡量都≤0.3g，"滚子平衡状态"窗口出现红色标志，点击"停止测试"。

点击"打印实验结果"按钮，出现"动平衡试验报表"，可以看到实验结果，结束实验。

5.7 注意事项

（1）动平衡实验台与计算机连接前必须先关闭实验台电动机电源，插上 USB 通信线时再开启电源。在实验过程中要插拔 USB 通信线前同样应关闭实验台电动机电源，以免因操作不当而损坏计算机。

（2）系统提供一套测试程序，实验之前进行测试，特别是装置进行搬运或进行调整后，请运行安装程序中提供的"测试程序"。运行转子机构，从曲线窗口中可以看到三条曲线（一条方波曲线、两条振动曲线），如果没有方波曲线（或曲线不是周期方波），则调整相位传感器使出现周期方波信号；如果没有振动信号（或振动信号为一条直线没有变化），则调整左、右支架上的测振压电传感器预紧力螺母，使产生振动信号。三条曲线缺一不可。

（3）出厂前实验台上的测振压电传感器预紧力螺母是调好的，一般不建议随意调整。

机构运动创新设计

6.1 实验目的

(1) 加深对平面机构组成原理及运动特点的认识，提高机构综合创新设计能力。

(2) 通过实验机构的搭接训练、系统的组建及机构运动参数的测试，提高实践动手能力。

(3) 掌握机构运动参数（线位移、线速度、线加速度及角位移、角速度、角加速度）测试方法，对比分析机构运动性能。

6.2 实验设备

该实验台的机架采用了新型的 X 形截面的高强度铝合金型材制作，包含并不限于 13 种拼装与运动测试分析实验机构。

6.2.1 13 种拼装与运动测试分析实验机构

(1) 正弦机构；

(2) 等加速-等减速运动盘形凸轮机构；

(3) 简谐运动盘形凸轮机构；

（4）齿轮-对心曲柄滑块机构；

（5）齿轮-偏置曲柄滑块机构；

（6）槽轮机构；

（7）曲柄摆块-齿条齿轮机构；

（8）摆块机构；

（9）齿轮-曲柄摇杆机构；

（10）摆动导杆-对心滑块机构；

（11）摆动导杆-偏置滑块机构；

（12）摆动导杆-双摇杆机构；

（13）齿轮-齿轮齿条机构（手动测试）。

6.2.2 实验配置

实验台配备了搭接上述机构所需的全部零部件、步进电动机、装配调试用工具（螺丝刀、开口扳手、内六角扳手、2m 卷尺、油壶等）、测控驱动调速盒及测试用的无触点角度位移传感器、感应式直线位移传感器及其附件。

6.2.3 机架

实验台机架由 X 形高强度铝合金型材组装而成，X 型材四面有梯形槽，特制螺母可在槽内滑动，X 型材正中是一圆通孔，根据连接需要可在孔端攻螺纹。机架边框用双 X 型材连接而成，使用中不必拆装。机架上有双排共六根 X 型材横梁，横梁两端通过三面带辈的接头与边框立柱连接，旋松接头螺钉，横梁可沿垂直方向上下移动，当横梁移到需要的位置后，拧紧接头螺钉，横梁即与框架固联。

6.3 实验原理

根据平面机构的组成原理，任何平面机构都可以由若干个基本杆组依次连接到原动件和机架上而构成，故可通过实验规定的机构类型，选定实验的机构，在机架上拼装该机构，并在机构适当位置装上测试元器件，测出构件每时每刻的线位移或角位移，通过对时间求导，得到该构件相应的速度和加速度，完成参数测试。

6.4　实验步骤

(1) 掌握平面机构的组成原理;

(2) 熟悉本实验中的实验设备,各零部件功用,安装、拆卸工具和测试器件;

(3) 选定平面机构运动方案;

(4) 正确拼接平面机构;

(5) 正确安装测试元器件;

(6) 点击"机械平面组合创意测试分析系统",完成实验测试分析内容。

6.5　实验内容

本实验台可提供十三种以上平面机构组合方案进行测试实验。实验时,首先由学生选定实验机构类型,进行实物装配、运转观察。挑选所需零部件,调整杆件长度,进行实验机构的拼装、运转观察。组建测试系统,装置测试元器件,然后进行运动参数的测试、仿真及分析。十三种实验机构简介如下:

6.5.1　正弦机构 (图 6-1)

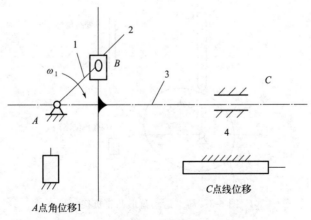

图 6-1　正弦机构

杆件 1 为主动件,以角速度为 ω_1 匀速转动。

结构特点：该机构由双滑块机构构成，滑块 3 和滑块 2 导路互相垂直，且滑块 3 导路延长线通过铰链 A。

曲柄 1 可由齿轮构成，齿轮上不在回转轴线上的孔作为转动滑块 2 的铰链。

测试参数：滑块 3 的位移、速度和加速度。

6.5.2　等加速-等减速运动盘形凸轮机构（图 6-2）

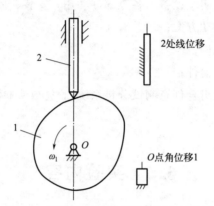

图 6-2　等加速-等减速运动盘形凸轮机构

凸轮 1 为主动件，以角速度为 ω_1 匀速转动。

结构特点：对心移动从动件凸轮机构。凸轮推程为等速运动规律，回程为等加速等减速运动规律。

测试参数：从动件 2 的位移、速度、加速度。

6.5.3　简谐运动盘形凸轮机构（图 6-3）

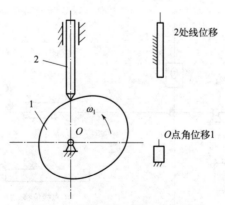

图 6-3　简谐运动盘形凸轮机构

凸轮 1 为主动件，以 ω_1 匀速转动。

结构特点：对心移动从动件凸轮机构。凸轮推程回程均为简谐运动规律。

测试参数：从动件 2 的位移，速度和加速度。

6.5.4　齿轮-对心曲柄滑块机构（图 6-4）

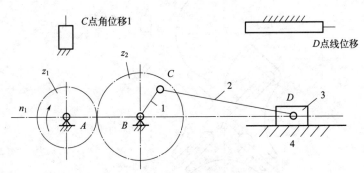

图 6-4　齿轮-对心曲柄滑块机构

齿轮 z_1 为主动件，速度为 n_1；曲柄 1 与齿轮 2 固联（铰链 C 可直接在齿轮上不在回转轴线上的圆孔处拼接形成）。

滑块导路延长线通过齿轮 2 的回转轴线。

曲柄 1 的尺寸可有两种（即更换不同的齿轮 2），而连杆 2 的长度则可选择不同长度的连杆形成。

测试参数：滑块 3 的位移、速度、加速度。

6.5.5　齿轮-偏置曲柄滑块机构（图 6-5）

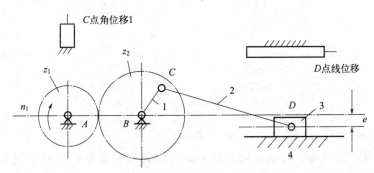

图 6-5　齿轮-偏置曲柄滑块机构

齿轮 z_1 为主动件，速度为 n_1。

结构特点：杆件 L_1 与齿轮 z_2 固联，铰链 C 可直接由齿轮 z_2 不在圆心上的孔拼接形成；滑块导路延长线与齿轮 2 回转中心偏心距为 e。

曲柄 L_1 可用两个不同尺寸的齿轮形成两个尺寸不等的曲柄，连杆 L_2 的长度则可选择不同长度的连杆形成。

测试参数：滑块 3 的位移、速度、加速度。

6.5.6 槽轮机构（图6-6）

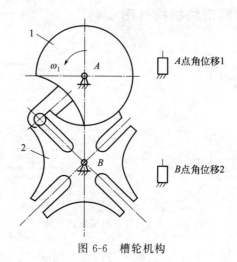

图 6-6　槽轮机构

拨盘 1 为主动件，以角速度为 ω_1 匀速转动。

测试参数：槽轮 2 的角位移、角速度、角加速度。

6.5.7 曲柄摆块-齿条齿轮机构（图6-7）

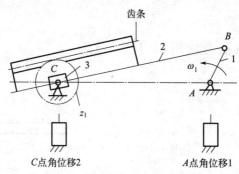

图 6-7　曲柄摆块-齿条齿轮机构

构件 1 为主动件，以角速度为 ω_1 匀速转动。

结构特点：该机构由曲柄摆块机构和齿条齿轮机构组成；齿条中线平行于导杆 2，齿轮 z_1 空套在滑块 3 的轴上，即齿轮 z_1 和滑块 3 可相对转动；导杆 2 在滑块 3 中移动并随滑块 3 摆动时带动齿条运动，并使齿轮 z_1 转动。

构件 1 可由齿轮取代，构件 1 和 AC 尺寸均可在允许范围内调整。

测试参数：齿轮 z_1 的摆角、角速度和角加速度。

6.5.8 摆块机构（图6-8）

构件 1 为主动件，以角速度为 ω_1 匀速转动。

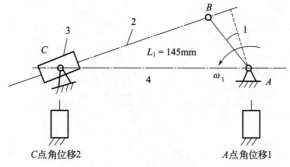

图 6-8　摆块机构

测试参数：摆块 3 的角位移、角速度、角加速度。

6.5.9　齿轮-曲柄摇杆机构（图 6-9）

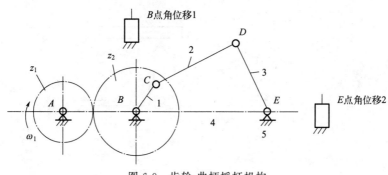

图 6-9　齿轮-曲柄摇杆机构

齿轮 1 为主动件，以 ω_1 角速度匀速转动。也可只测试曲柄摇杆机构，以曲柄 1 为主动件。

结构特点：由一级齿轮机构与曲柄摇杆机构构成，其中曲柄 1 与齿轮 z_2 固联，构件 1 可有两种不同尺寸（由两个不同齿轮构成），杆件 2、3、4 均可在构件允许范围内调整长度。

测试参数：摇杆 3 的角位移、角速度、角加速度。

6.5.10　摆动导杆-对心滑块机构（图 6-10）

构件 1 为主动件，以角速度为 ω_1 匀速转动。

结构特点：该机构由摆动导杆机构和摆杆滑块机构构成；滑块 5 导路延长线通过铰链 A。

构件 1 可由齿轮取代（齿轮上不在其回转中心的孔为铰链 B 的位置）。杆件 1、3、4 和 AC 尺寸可在允许范围内调整。

测试参数：①导杆 3 的角位移、角速度和角加速度；②滑块 5 的位移、速度和加速度。

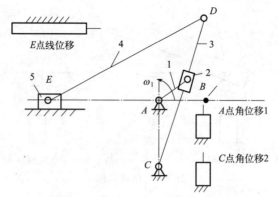

图 6-10　摆动导杆-对心滑块机构

6.5.11　摆动导杆-偏置滑块机构（图 6-11）

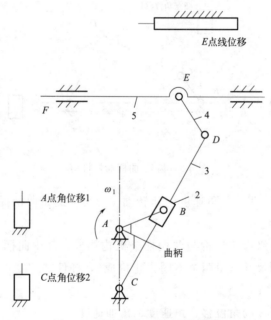

图 6-11　摆动导杆-偏置滑块机构

　　杆件 1 为主动件，以角速度为 ω_1 匀速转动。

　　结构特点：该机构由摆动导杆机构和摆杆滑块机构构成；杆件 1 可由齿轮取代（齿轮 $Z_1=60$mm，齿条 $Z_3=280$mm，齿轮上不在其回转中心的孔为铰链 B 的位置）；杆件 1、3、4 和 AC 尺寸可在允许范围内调整；滑块 5 导路延长线不通过铰链 A 也不通过铰链 C，导路延长线距铰链 C 位置可调整。

　　测试参数：①导杆 3 的角位移，角速度和角加速度；②滑块 5 的位移、速度和加速度。

6.5.12 摆动导杆-双摇杆机构（图 6-12）

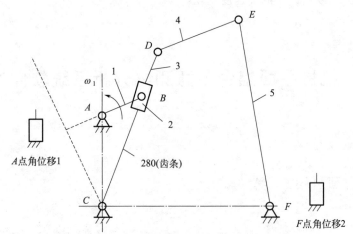

图 6-12 摆动导杆-双摇杆机构

滑块 B 在左极限位置时，角位移传感器零位，$\omega_1 = 30\text{r/min}$。

杆件 1 为主动件，以角速度为 ω_1 匀速转动。

结构特点：该机构由曲柄导杆机构和双摇杆机构构成；曲柄 1 可由齿轮构成，滑块 2 的铰链拼装在齿轮上不在回转轴线的孔中。构件 1、AC、CF 和构件 4、5 尺寸均可在允许范围内调整（图 6-12 中，$L_1 = 62\text{mm}$，$L_4 = 120\text{mm}$，$L_5 = 260\text{mm}$，$AC = 140\text{mm}$，$CF = 140\text{mm}$）。

测试参数：摆杆 5 的角位移、角速度和角加速度。

6.5.13 齿轮-齿轮齿条机构（手动测试）（图 6-13）

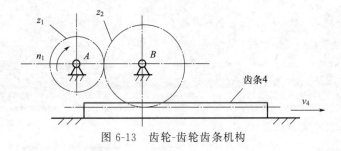

图 6-13 齿轮-齿轮齿条机构

齿轮 z_1 为主动件，速度为 n_1。

$$
\begin{cases}
v_4 = \dfrac{m\pi}{60} \times \dfrac{z_1}{z_2} n_1 \text{（齿条速度）} \\[2mm]
\theta_2 = \dfrac{z_1}{z_2}\theta_1 \text{（单位为弧度）} \\[2mm]
s_4 = \dfrac{d_2}{2}\theta_2 = \dfrac{mz_2}{2}\theta_2 \text{（齿条位移）}
\end{cases}
$$

z_1 主动，可测量齿条速度、位移；齿条主动，则可通过齿条位移测量齿轮 z_1 回转角度和角速度。另外，通过加速度传感器，还可测出由于齿轮加工误差、安装误差等引起的齿轮 z_1 或齿条 4 的加速度变化。

6.6　机械平面组合创意测试分析系统软件说明

6.6.1　主界面（图6-14）

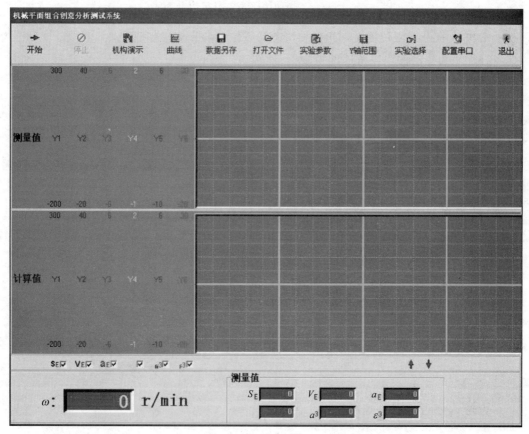

图 6-14　主界面

曲线显示栏如图 6-15 所示，用于显示曲线，并控制曲线显示的数量、回放及缩放。数据显示栏如图 6-16 所示，用于显示当前的测量及计算数据。

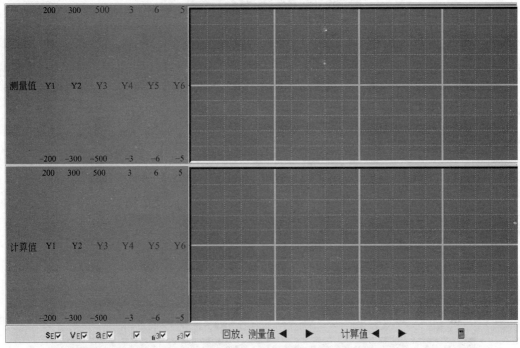

图 6-15 曲线显示栏

图 6-16 数据显示栏

6.6.2 程序的主要功能按钮

程序的功能主要由"开始""停止""曲线""数据保存""打开文件""串口设置""实验参数""Y 轴范围""实验选择"及"退出"10 个按钮完成。其中,"开始"按钮用于启动数据采样,这时程序开始从仪器接收数据,并自动分析计算,将结果绘制成实时曲线,在曲线显示栏中显示出来。"停止"按钮,则是让程序停止数据采样,以便执行其他功能。"曲线"按钮,用于预览分析并打印当前实时曲线。"数据另存"按钮和"打开文件"按钮分别用于保存当前数据及打开以前存储的数据文件。"串口设置"按钮按下后会弹出如图 6-17 所示对话框,用于设置当前所使用的通信口的各项参数,包括端口、波特率、数据位、停止位及奇偶校验五项。"实验参数设置"按钮(用于设置实验中需要的各项参数)如图 6-18 所示。

"Y 轴范围"功能(用于设置实时曲线的 Y 轴坐标范围)如图 6-19 所示。

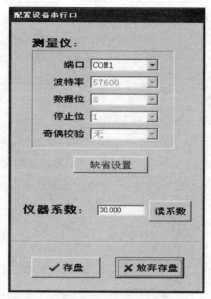

图 6-17　串口设置对话框

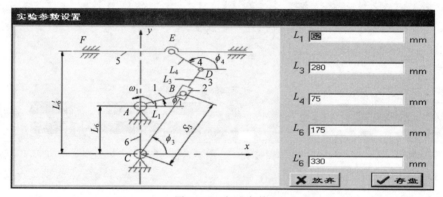

图 6-18　实验参数

图 6-19　Y 轴范围

"实验选择"用于选择当前要进行的实验，如图 6-20 所示。

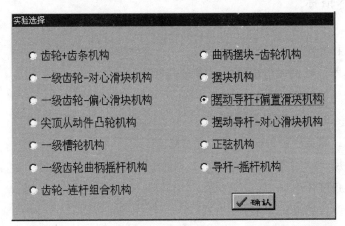

图 6-20　实验选择

选定要进行的实验后，按"确认"键有效。"退出"按钮用于退出程序。

6.7　注意事项

（1）在机架上先拼装好机构，经运转无误后停机，再组装测试系统。

（2）启动电动机前一定要仔细检查各部件安装是否到位，启动电动机后不要过于靠近运动零件，不得伸手触摸运动零件。

（3）同一小组指定一人负责电动机开关，遇紧急情况时立即停车。

6.8　平面机构创意组合分析测试仪使用说明

6.8.1　概述

CQPS-D 型平面机构创意组合分析测试仪是采用高速嵌入式计算机技术设计的智能化、高精度电子仪器，能与各种量程的光栅式角位移传感器、磁敏角度传感器及电压式线位移传感器配套使用，通过测量各种机械机构的运动参数（比如角位移、角速度、角加速度、线速度、线加速度等）来了解机构运动原理和特征。

6.8.2　技术指标

（1）角位移测量

配用传感器：光栅式角位移传感器（1路）。

精度：传感器精度。

测量范围：99～9999脉冲/转。

信号要求：高电平＞2.5V，低电平＜0.5V。

单位：弧度。

（2）磁敏角度传感器

见磁敏角度传感器说明书。

（3）直线位移测量

配用传感器：感应式直线位移传感器。

信号要求：0～5V输出。

测量范围：0～185mm。

精度：传感器精度。

单位：mm。

6.8.3　前面板键操作

[SET]键：用于进入主菜单和常数设置。当仪器处于测量状态时，按下[SET]键，仪器进入主菜单界面。通过[↓]键选择相应的菜单项，再按[SET]键，仪器将执行相应的功能或者进入下一级菜单。

[↓]键：用于菜单选择和编辑常数。编辑常数时，常数变化为－1值：其值由9→0范围内循环变化。按下[↓]键，反白位将－1；选择菜单时，菜单条下移。

[→]键：用于选择数字位，按下[→]键，可向右移动一位，并反白该位以表示可以更改此位数值。

[DIP]键：保留键。

[RUN]键：在任何时候按下[RUN]键，仪器将进入循环测量显示状态。

[RST]键：复位键，按下[RST]键，仪器复位。

（1）转速：角位移1传感器（主动轴）转速用符号 n 表示，单位 r/min（转/分钟）。

（2）摆角：角位移2传感器（从动轴）最大摆动角度用符号 ϕ 表示，单位 rad（弧度）。

（3）行程：直线位移传感器（从动件）最大行程用符号 L 表示，单位 mm（毫米）。

（4）机械结构零点安装要点：在安装调整角位移传感器2（磁敏角度传感器）零

点（中位）时，应保证零点在机构摆动件最大摆角的角平分线上，以避免实测曲线在左右极限位置失真。

（5）实测曲线和理论曲线相位调节要点：当测试软件界面上的实测曲线和理论曲线的初始相位不对时，调节角位移传感器 1 的周向位置，可改变实测曲线的初始相位角。

（6）电动机转速调节要点：主动轴转速的调整范围为 10～40r/min，过低过高均影响测试质量。

机械原理实验报告

学　期　_____

班　级　_____

学　号　_____

姓　名　_____

班级：　　　　　姓名：　　　　　　学号：

实验报告 1　机构认识实验

（1）在机器模型中蒸汽机、内燃机由哪些机构组成？这些机构在机器中起什么作用？

（2）铰链四杆机构中可分为哪三种类型？在连杆机构应用中，颚式破碎机、飞剪、惯性筛、摄影机平台、机车车轮、港口起重机、牛头刨和冲床各属于哪种机构类型？

（3）在凸轮机构中，按推杆的形状分为哪几种类型？说明各类型的特性。

（4）齿轮机构的特点是什么？齿轮机构是如何分类的？渐开线齿轮的基本参数有哪些？

（5）什么是轮系？轮系是如何分类的？轮系的功用可分为哪几个方面？

班级：　　　　　姓名：　　　　　　学号：

实验报告 2　机构运动简图测绘实验

2.1　实验预习

（1）什么是机构运动简图？机构具有确定运动的条件是什么？

（2）平面运动副的类型及判断方法是什么？

2.2 实验结果

（1）机构名称：

比例尺：　　　　　　　　　　　　自由度计算：

机构运动简图：

（2）机构名称：

比例尺：　　　　　　　　　　　　自由度计算：

机构运动简图：

（3）机构名称：

比例尺：   自由度计算：

机构运动简图：

（4）机构名称：

比例尺：   自由度计算：

机构运动简图：

（5）机构名称：

比例尺：　　　　　　　　　　　　　自由度计算：

机构运动简图：

（6）思考题：

① 原动件选取不同，机构运动的分析是否一样？原动件位置不同，所绘制的机构运动简图有何不同？

② 绘制机构运动简图有何意义？

班级：   姓名：   学号：

实验报告 3　渐开线齿轮参数测定实验

3.1　实验预习

按照相互啮合的两齿轮变位系数和 $x_1 + x_2$ 值的不同，可将变位齿轮传动分为哪三种基本类型？

3.2　实验结果

（1）测量数据：

齿轮编号								
齿轮数 z								
跨齿数 k								
测量次数	1	2	3	平均值	1	2	3	平均值
公法线长 W_k								
公法线长 W_{k+1}								
齿根圆直径 d_f								
距离 H								
孔径 d_k								
尺寸 b								
实测中心距 a'								

（2）计算数据：

项目	计算公式	计算结果	
基圆齿距 p_b	$p_b = W_{k+1} - W_k$	$p_{b1} = \underline{\qquad}$	$p_{b2} = \underline{\qquad}$
模数 m	$m = \dfrac{p_b}{\pi \cos\alpha}$	$m_1 = \underline{\qquad}$	$m_2 = \underline{\qquad}$
压力角 α	$\alpha = \arccos\dfrac{r_b}{r}$	$\alpha_1 = \underline{\qquad}$	$\alpha_2 = \underline{\qquad}$
基圆齿厚 s_b	$s_b = W_{k+1} - k p_b$	$s_{b1} = \underline{\qquad}$	$s_{b2} = \underline{\qquad}$
变位系数 x	$x = \dfrac{\dfrac{s_b}{m\cos\alpha} - \dfrac{\pi}{2} - z\,\text{inv}\alpha}{2\tan\alpha}$	$x_1 = \underline{\qquad}$	$x_2 = \underline{\qquad}$
齿根高 h_f	$h_f = \dfrac{mz - d_f}{2}$	$h_{f1} = \underline{\qquad}$	$h_{f2} = \underline{\qquad}$
齿顶高系数 h_a^* 和 顶隙系数 c^*	$h_{f1} = m(h_a^* + c^* - x_1)$ $h_{f2} = m(h_a^* + c^* - x_2)$	$h_{a1}^* = \underline{\qquad}$ $c_1^* = \underline{\qquad}$	$h_{a2}^* = \underline{\qquad}$ $c_2^* = \underline{\qquad}$
计算值中心距 a''	$a'' = \dfrac{1}{2}m(z_1 + z_2)\dfrac{\cos\alpha}{\cos\alpha'}$	$a'' = \underline{\qquad}$	
啮合角 α'	$\text{inv}\alpha' = \dfrac{2(x_1 + x_2)}{z_1 + z_2}\tan\alpha + \text{inv}\alpha$	$\alpha' = \underline{\qquad}$	
误差	$a' - a''$	$a' - a'' = \underline{\qquad}$	

（3）齿轮传动类型为 _____。

（4）思考题：

① 奇数齿齿轮的齿顶圆直径 d_a、齿根圆直径 d_f 是如何测出来的？

② 齿轮的齿顶高系数 h_a^*、顶隙系数 c^* 是如何确定的?

班级：　　　　　　姓名：　　　　　　学号：

实验报告 4　齿轮范成加工原理实验

4.1　实验预习

产生根切的原因是什么？如何避免根切现象？

4.2 实验结果

（1）齿条刀具基本参数。

模数 $m=$ _____，压力角 $\alpha=$ _____，齿顶高系数 $h_a^*=$ _____，顶隙系数 $c^*=$ _____。

（2）被加工齿轮基本参数。

模数 $m=$ _____，压力角 $\alpha=$ _____，齿数 $z=$ _____，齿顶高系数 $h_a^*=$ _____，顶隙系数 $c^*=$ _____。

（3）标准齿轮和变位齿轮比较。

尺寸名称	计算公式	计算结果		结果比较
		标准齿轮	正变位齿轮	
分度圆直径	$d=mz$			
基圆直径	$d_b=d\cos\alpha$			
齿顶圆直径	$d_a=mz+2(h_a^*m+xm)$			
齿根圆直径	$d_f=mz-2(h_a^*m+c^*m-xm)$			
齿距	$p=\pi m$			
分度圆齿厚	$s=(\pi/2+2x\tan\alpha)m$			
分度圆齿槽宽	$e=(\pi/2-2x\tan\alpha)m$			
齿顶圆齿厚	$s_a=sr_a/r-2r_a(\text{inv}\alpha_a-\text{inv}\alpha)$			
基圆齿厚	$s_b=\cos\alpha(s+mz\,\text{inv}\alpha)$			
齿顶高	$h_a=(h_a^*+x)m$			
齿根高	$h_f=(h_a^*+c^*-x)m$			
全齿高	$H=H_a+H_f$			
最小变位系数	$x_{min}=h_a^*(z_{min}-z)/z_{min}$			
实际变位系数	x			

注：结果比较栏中尺寸比标准齿轮大的填上"＋"，小的填上"－"，大小相同的填上"0"。

（4）范成出标准渐开线齿轮和变位渐开线齿轮齿廓。

（5）思考题：

① 用范成法加工的齿廓全部是渐开线吗？齿廓由哪几部分组成？

② 作为加工刀具的齿条与普通齿条有什么不同？被加工齿廓的渐开线是由刀具的什么部位切制出来的？过渡曲线又是由刀具的什么部位切制出来的？

班级：　　　　　姓名：　　　　　学号：

实验报告 5　智能动平衡实验

5.1　实验预习

何谓动平衡？哪些构件需要进行动平衡？

5.2　实验结果

（1）实验数据：

次数	左边		右边	
	角度	克数/g	角度	克数/g
1				
2				
3				
4				
5				

注：次数达到平衡质量为基准。

（2）思考题：

简述智能动平衡实验台工作原理及实验步骤。

班级：　　　　　　　姓名：　　　　　　　学号：

实验报告6　机构运动创新设计实验

6.1　实验预习

构件的组成原理是什么？何谓基本杆组？

6.2　实验结果

（1）平面机构创意组合测试分析

① 机构名称：

② 自由度计算：

③ 机构简图：

④ 参数设置：

⑤ 实测曲线：

⑥ 理论曲线：

⑦ 实验结果分析：

（2）思考题：

① 实测曲线与理论曲线之间存在误差的原因是什么？

② 平面机构组合分析与设计中的体会与方案改进建议。

参考文献

[1] 任济生. 机械设计基础实验教程. 济南：山东大学出版社，2005.

[2] 王旭. 机械原理实验教程. 济南：山东大学出版社，2006.

[3] 孙恒，陈作模，葛文杰，等. 机械原理. 7 版. 北京：高等教育出版社，2006.

[4] 齐秀丽，陈修龙. 机械原理. 2 版. 北京：中国电力出版社，2014.

[5] 陈修龙. 机械设计基础. 北京：中国电力出版社，2014.

[6] 宋鹃. 机械工程基础实验教程. 重庆：重庆大学出版社，2020.